Michael Stephan

Ökonomische Perspektive auf das Thema Wasserressourcen-Management

Theoretische Ansätze

GRIN Verlag

Bibliografische Information der Deutschen Nationalbibliothek:

Die Deutsche Bibliothek verzeichnet diese Publikation in der Deutschen National-
bibliografie; detaillierte bibliografische Daten sind im Internet über http://dnb.d-
nb.de/ abrufbar.

Impressum:

Copyright © 2014 GRIN Verlag GmbH
Druck und Bindung: Books on Demand GmbH, Norderstedt Germany
ISBN: 978-3-656-90248-5

Dieses Buch bei GRIN:

http://www.grin.com/de/e-book/293024/oekonomische-perspektive-auf-das-thema-
wasserressourcen-management

Ludwig-Maximilians-Universität
Department für Geographie

Hauptseminar Wasserressourcen-Management

Sommersemester 2014

Ökonomische Perspektive auf das Thema Wasserressourcen-Management – Theoretische Ansätze

Verfasser: Michael Stephan

Inhaltsverzeichnis

Abbildungsverzeichnis

1. <u>Einleitung</u>

Wasserressourcen-Management ist ein breit gefächertes Thema, das Wissen aus vielen verschiedenen Bereichen fordert und weit über die Geographie hinausgeht. Grundlegendes Wissen aus den Bereichen der Politikwissenschaften, der Biologie und der Volkswirtschaft ist essentiell um Prozesse und Systeme des Wasserressourcen-Managements zu verstehen. Diese Arbeit vermittelt in erster Linie grundlegendes Wissen aus der Volkswirtschaft und erklärt theoretische Ansätze, die man wissen muss, um sich tiefergehend mit dem Thema Wasserressourcen-Management beschäftigen zu können.

Der erste Teil der Arbeit beschäftigt sich mit den Einflussfaktoren auf das Marktgleichgewicht. Es wird der Frage nachgegangen: Welche Möglichkeiten gibt es, ein Marktversagen zu beseitigen und das Marktgleichgewicht wieder herzustellen? Hier werden zwei unterschiedliche theoretische Ansätze näher erläutert.

Im zweiten Teil geht es um Gemeingüter und die Tragik der Allmende. Hier wird zunächst theoretisch der Begriff des Gemeinguts geklärt und anschließend die Problematik der Gemeinressourcen und deren Ausbeutung. Am Beispiel der Bedrohung der Fischbestände in den Weltmeeren werden Lösungsansätze in Form der acht Gestaltungsprinzipien von Elinor Ostrom erarbeitet.

2. **<u>Einfluss externer Effekte auf den Markt</u>**

In der neoklassischen Theorie der Volkswirtschaftslehre spricht man von einem Marktgleichgewicht, wenn Angebot und Nachfrage sich exakt ergänzen. Hier spricht man auch von einem Pareto-Optimum (Varian 2010, S.15), das heißt es gibt keine Möglichkeit den Status-Quo zu verbessern ohne dabei eine andere Eigenschaft zu verschlechtern. Dieses Marktgleichgewicht kann aber unter anderem durch externe Effekte gestört werden und zu einem Marktversagen führen.

Ein externer Effekt ist nach Eberhard Fees „eine Auswirkung wirtschaftlicher Aktivitäten auf Dritte." (Gabler Wirtschaftslexikon). Das wichtigste Merkmal externer Effekte ist, dass sie keine Auswirkungen für den Verursacher haben, da zwischen

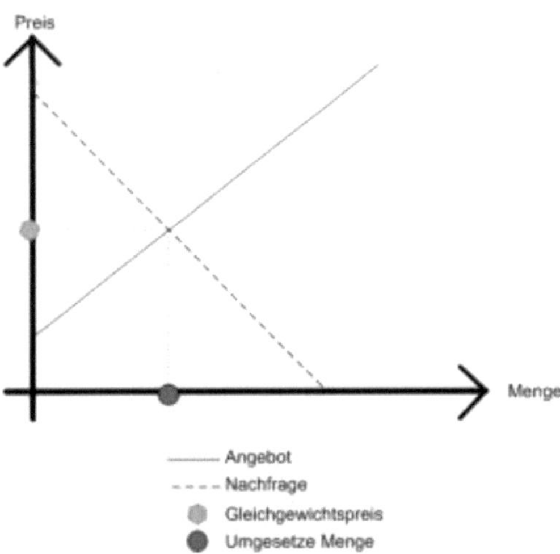

Abbildung 1: Einfluss auf das Marktgleichgewicht
(Quelle: http://de.wikipedia.org/wiki/Marktgleichgewicht)

dem Verursacher und dem Betroffenen keine vertragliche Beziehung besteht. Verursacher erzeugen dabei Nutzen- oder Gewinneinbußen an anderer Stelle, die nicht entschädigungspflichtig sind. Grundsätzlich unterscheidet man zwischen positiven und negativen externen Effekten (Varian 2010, S. 645 ff.).

Bei einem positiven externen Effekt steigt der Nutzen des Betroffenen mit dem Niveau des externen Effekts. Zum Beispiel fliegen die Bienen eines Imkers zur benachbarten Obstplantage und bestäuben dort die Pflanzen. Dies führt zu einem höheren Ertrag des Plantagenbesitzers. Allgemein gesagt profitieren bei positiven externen Effekten andere ohne etwas dafür bezahlt zu haben. Daher wird bei positiven externen Effekten zu wenig vom Gut produziert was am Beispiel der Forschung veranschaulicht werden kann. Niemand wird Geld in die Forschung stecken, wenn im Anschluss das erforschte Produkt von jedem kopiert und verwendet werden darf. Deshalb hat der Staat die Patente erfunden, die ein Kopieren der Erfindung verbieten (Varian 2010, S. 645 ff.).

Bei einem negativen externen Effekt geschieht das genaue Gegenteil. Dort sinkt nämlich der

Nutzen des Betroffenen mit dem Niveau des externen Effekts. Ein Beispiel ist das einer Chemie-Fabrik. Eine Chemie-Fabrik leitet erlaubter Weise ungeklärtes Abwasser in einen Fluss. Dadurch erzeugt es flussabwärts eine verminderte Wasserqualität und beeinträchtigt unter anderem die Fischerei oder verursacht höhere Kosten zur Trinkwasseraufbereitung in einem Wasserwerk. Da die Chemie-Fabrik für die Verschmutzung des Wassers nicht belangt wird, produziert sie immer mehr Abwasser. Allgemein wird daher bei negativen externen Effekten immer mehr von dem Gut produziert, als eigentlich effizient wäre (Varian 2010, S. 645 ff.).

Das Problem in beiden Fällen ist, dass ein Preis für diese Güter nicht existiert bzw. nicht gebildet werden kann und damit der Nutzen nicht pareto-optimal verteilt werden kann. Diese Störung des Marktgleichgewichts und die damit verbundenen externen Effekte können aber durch Internalisierung der externen Effekte - das heißt die Kosten, die einem anderen entstehen werden mit in die Kalkulation aufgenommen - wieder beseitigt werden. Die daraus entstehende Wohlfahrt kann durch zwei Ansätze erhöht werden. Zum einen durch einen staatlichen Eingriff, sprich einer Auferlegung einer sogenannten Pigou-Steuer. Zum anderen durch private Verhandlungen dem sogenannten Coase-Theorem (Varian 2010, S. 645 ff.).

2.1 Die Pigou-Steuer

Im Falle eines negativen externen Effekts kann der Staat diesen durch eine Pigou-Steuer beseitigen. Durch eine Steuer, die ein Produkt verteuert, kann dessen Produktion verringert werden und die Steuer wirkt wie eine Erhöhung der Produktionskosten. In dem Beispiel der Chemie-Fabrik würde das heißen, dass die Fabrik für die Umweltverschmutzung eine Steuer zahlt, die genau so hoch ist, wie der Schaden, der durch diese Umweltverschmutzung entsteht. Dadurch senkt die Fabrik ihre Umweltverschmutzung auf ein für die maximale Wohlfahrt notwendiges Level. Durch die geringere Produktion der Chemie-Fabrik steigt der Gewinn des Wasserwerks. Kritisch zu betrachten ist an dieser Lösung, dass nicht alle Beteiligten etwas von dem gesteigerten Gewinn haben. Während die Chemie-Fabrik keinen Gewinn erzielt, teilen sich der Staat und das Wasserwerk den Gesamtgewinn zur Erzielung des Pareto-Optimums. Ein weiterer Kritikpunkt ist die Bemessung der Steuer. Dazu müsste man genaue Datenerhebungen haben wie hoch die Umweltverschmutzung der Chemie-Fabrik ist und inwieweit diese Verschmutzung den Gewinn des Wasserwerks beeinträchtigt. Bei einem positiven externen Effekt kann analog zur Pigou-Steuer eine Pigou-Subvention ausgezahlt werden. So kann im Fall der Forschung einem Forscher genau so viele Subventionen gezahlt werden wie seine Erfindung anderen eingebracht hat. Dies führt zu einer vermehrten Forschung und damit zu einer Maximierung der Wohlfahrt (Varian 2010, S. 656).

2.2 Das Coase-Theorem

In seinem bahnbrechenden Artikel „The Problem of Social Cost" beschreibt Coase (1960) wie externe Effekte auch durch private Verhandlungen beseitigt werden können. Er schildert den Vorgang an dem Beispiel des Viehzüchters und des Bauern, deren Grundstücke unmittelbar nebeneinander liegen. Das Vieh des Viehzüchters zerstört einen Teil der Ernte des Bauern, wobei der Schaden des Bauern mit der Größe der Viehherde ansteigt. Da der Bauer für den verursachten Schaden nicht entschädigt wird, entsteht hier ein negativer externer Effekt (Enderle und Nolte, 1999).

Der Bauer könnte nun gerichtlich auf Schadenersatz klagen und womöglich gewinnen. Ebenso könnten die beiden Beteiligten aber auch versuchen in einem privaten Gespräch das Problem zu lösen. Es wird angenommen, dass es dem Bauer monatlich 500 € (Schaden durch Vieh) wert ist, dass das Vieh von seinem Grundstück fern bleibt. Die größere Fläche mit dem Grundstück des Bauern erbringt dem Viehzüchter aber einen Gewinn von 1.000 € im Monat. Setzt der Bauer nun gerichtlich durch, dass das Vieh eingezäunt wird, steigt sein Erlös durch die Ernte um 500 €. Der Viehzüchter hat davon aber gar nichts, weil sein Grundstück nun kleiner ist und er nicht mehr so viele Tiere halten kann – sein Erlös ist 0 € (Enderle und Nolte, 1999).

Doch die Verhandlung kann wie angenommen auch außergerichtlich geschehen und beide Parteien könnten zu einer effizienteren Lösung kommen, das heißt eine Lösung die beiden etwas bringt. Zum Beispiel könnte der Viehzüchter dem Bauer monatlich 500 € Entschädigung zahlen. Der Viehzüchter würde dann immer noch 500 € (1.000 € Gewinn – 500 € Entschädigung) Gewinn machen. Natürlich kann der Bauer besser verhandeln und eventuell eine Entschädigung von 750 € fordern. Wichtig ist lediglich, dass die Entschädigung irgendwo zwischen 500 € und 1.000 € liegt, andernfalls wäre eine gerichtliche Einigung günstiger, da sonst ein Beteiligter Verlust machen würde (Enderle und Nolte, 1999).

In dem Artikel „Das Coase-Theorem" von Enderle und Nolte 1999 kritisieren sie den Einsatz des Coase-Theorems in der heutigen Zeit. Unter anderem nennen sie die Transaktionskosten, die Ronald Coase komplett ausgeschlossen hat, als Kritikpunkt. So würden in der heutigen Zeit Verhandlungen zweier oder mehrerer Parteien keinesfalls reibungslos ablaufen, denn jede

Partei wird versuchen das Bestmögliche heraus zu handeln. Teure Anwaltskosten bei den Verhandlungen würden demnach eine Übereinkunft verhindern (Enderle und Nolte, 1999).

Ein weiterer Kritikpunkt sind die Machtverhältnisse in dem System. So hat der Viehzüchter, sprich der Verursacher der externen Effekte, die maximale Verhandlungsmacht und kann demnach den Bauern bzw. den Geschädigten erpressen. Es würde dann zwar ein pareto-effizientes Ergebnis folgen, aber mit einem für den Bauern schlechtes Geschäft (Enderle und Nolte, 1999).

3. <u>Güter</u>

Als Gut im Allgemeinen bezeichnet man in der Wirtschaftswissenschaft alle Mittel, die der Bedürfnisbefriedigung dienen (Becker 2006, S. 8). Wirtschaftsgüter werden durch ihre Knappheit, deshalb auch knappes Gut genannt, definiert. Ein Gut ist nicht zu jeder Zeit an jedem Ort in der gewünschten Menge und Qualität verfügbar (Gabler Wirtschaftslexikon).

3.1 Abgrenzung der Gemeingüter

Gemeingüter werden auch Kollektivgüter oder im englischsprachigen Gebrauch „Commons" genannt. Man unterscheidet zwischen dem öffentlichen Gut, dem Klubgut, dem Allmendegut und dem privaten Gut. Diese Güter können mit Hilfe der Kriterien der Ausschließbarkeit und der Rivalität abgegrenzt werden (Helfrich 2009, S. 24).

Laut Helfrich sind „[Commons] ein gemeinsames Erbe, das, was einer Gemeinschaft überliefert wurde oder was im Ergebnis kollektiver Produktion entstand. [...]. Ohne sie gibt es keinen sozialen Zusammenhang, keine Gemeinschaft" (Helfrich 2009, S. 24). Gemeingüter sind die gemeinsamen materiellen Güter und das gemeinsame Wissen der Menschen. Das Wegnehmen der Gemeingüter hätte eine Zerstörung der sozialen Beziehungen und der Gemeinschaft zur Folge und würde demnach die Zerstörung dieser Gemeingüter nach sich ziehen (Helfrich 2009, S. 24).

	Rivalitätsgrad = 0	Rivalitätsgrad = 1
Ausschließbarkeitsgrad = 0	**Öffentliches Gut** (z.B. Deich)	**Allmendegut** (z.B. überfüllte Innenstadtstraße)
Ausschließbarkeitsgrad = 1	**Klubgut** (z.B. Pay-TV)	**Privates Gut** (z.B. Speisegut)

Abbildung 2 : Übersicht Abgrenzung Güter (Eigendarstellung nach Helfrich 2009, S. 24)

Die Eigenschaft der Ausschließbarkeit ist bei öffentlichen Gütern nur sehr schwer zu erreichen. So schützt ein Deich alle Menschen, ganz gleich ob Steuerzahler oder nicht. Sowie alle von einer sauberen Umwelt profitieren, sogar Umweltsünder. So sind öffentliche Güter nicht ausschließbar. Zu der Eigenschaft der Ausschließbarkeit kommt nun noch das Kriterium der Rivalität. Man unterscheidet rivale (teilbare) Güter von nicht-rivalen (nicht teilbaren) Gütern. Bei nicht-rivalen Gütern wird die Nutzung des Gutes durch einen Menschen bei der Nutzung desselben Gutes durch einen anderen Menschen kaum beeinträchtigt oder verhindert. So kann Jedermann frische Luft einatmen, aber nicht jeder die gleiche Banane essen, denn eine Banane ist ein rivales Gut. In diesem Fall müsste die Banane geteilt werden und jeder könnte nur einen kleinen Teil bekommen (Ostrom 2011, S. 108/109).

In der Realität sind Rivalität und Ausschließbarkeit aber sehr situationsabhängig. Wenn man die Sache genauer unter die Lupe nimmt, stellt man schnell fest, dass reine öffentliche Güter kaum zu finden sind. Auf der Suche nach wasserdichten Beispielen endet man schnell in Widersprüchen. Die Lösung wird demnach immer öfter in fraglichen Unterkategorien, wie zum Beispiel unter anderem in Universalgütern oder freien Gütern gesucht. Die Autobahn ist beispielsweise zunächst ein nicht-rivales Gut, da jeder auf der Straße fahren kann. Doch sobald ein Stau eintritt oder Mautgebühren fällig werden ist damit Schluss. Ähnlich verhält es sich mit Wasser. Ursprünglich ist Wasser eine Allmendressource, die in Bewässerungssystemen, Seen und Meeren für Jedermann zugänglich und kostenfrei ist und damit zum öffentlichen Gut wird. Sucht man aber das Wasser in einer Flasche in einem Supermarkt auf wird es zu einem Privatgut (Ostrom 2011, S. 109-111).

Letztendlich sagt Ostrom, dass es also nicht auf das Gut selbst ankommt, sondern auf die technischen und finanziellen Möglichkeiten sowie auf den politischen Willen und die Machtverhältnisse, ob etwas ein öffentliches Gut wird oder nicht.

3.2 Die Tragik der Allmende

Helfrich definiert Allmende folgendermaßen:

> „Allmende [...] ist der historische Begriff für natürliche, gemeinschaftlich genutzte Ressourcen, [...]. Die stark historische und naturverbundene Konnotation des Begriffs scheint nicht unmittelbar auf moderne Allmende übertragbar. Daher verwenden wir vorzugsweise den Begriff der Gemeingüter (oder auch Commons)" (Helfrich 2009, S. 25).

In dem Artikel „Tragedy of the Commons" (Die Tragik der Allmende) verwechselt der Ökologe Garrett Hardin die Situation, in der alle Zugriff haben, eine sogenannte Open-Access-Situation, mit Gemeingütern, die einer Gemeinschaft gehören. Hardin zeigte korrekterweise auf, dass natürliche Ressourcen, zu denen alle Zugang haben, übernutzt werden können, wenn der Zugang nicht limitiert wird. Als er aber das Fazit zieht „Die Freiheit in der Allmende ruiniert alle!" und dadurch unweigerlich zu einer Tragödie führt, pauschalisiert er die Sache. Wichtig zu verstehen ist, dass Gemeingüter bei weitem kein Niemandsland sind, sondern im Regelfall klar definierte Nutzergruppen besitzen. Nutzer lokaler Ressourcen können sich gegenseitig Regeln setzen und diese selbst überwachen und dadurch eine nachhaltige Ressourcenbewirtschaftung garantieren (Ostrom 2011, S. 53/54).

Nobelpreisträgerin Elinor Ostrom hat in ihrem Artikel „Was mehr wird, wenn wir teilen" Hardin's Befund an den Beispielen der Fischbestände der Ozeane und der Wälder aktualisiert. Im Folgenden wird nun das Beispiel der Überfischung näher erläutert. Laut Brundtland-Bericht[1] wurden im Jahr 1979 mehr als 70 Millionen Tonnen (Ostrom 2011, S. 54) Fisch gefangen. Der Bericht warnte schon damals vor Überfischung und der damit verbundenen Bedrohung der Bestände. Weiterhin stellte der Bericht die Prognose, dass bei weiterer Überfischung der Wachstumsboom der Fischerei bald ein Ende haben wird. Dennoch hat sich rund 20 Jahre später zumindest auf den ersten Blick nicht viel verändert, so hat sich das Gesamtvolumen des Fischfangs 2005 weltweit auf 141 Millionen Tonnen sogar verdoppelt. Auf den zweiten Blick wird aber deutlich, dass der Brundtland-Bericht mit seinen Prognosen doch richtig lag, so ist das Fangvolumen in den entwickelten Ländern tatsächlich gesunken. Viele Untersuchungen belegen, dass die Populationen vieler Fischarten, besonders derer, die der Ernährung dienen, geschrumpft oder sogar ganz verschwunden sind. (Ostrom 2011, S. 55-57).

Das Hauptproblem, das zur enormen Überfischung in den Weltmeeren führt ist das Fehlen

---

[1] Der Brundtland-Bericht ist ein Teil des „Our Common Future" Berichts für die UN-Vollversammlung (WCED-Bericht)

jeglicher Eigentumsrechte. So sind tatsächlich viele Gebiete, wo Hochseefischerei betrieben wird, ein Niemandsland. Deshalb nahm die UN 1982 mit dem Seerechtsübereinkommen rund ein Drittel der Weltmeere aus dem internationalen Fangbereich und führte die „Ausschließliche Wirtschaftszonen" (AWZ) ein. Die AWZ sind 200 Meilen breite Küstenstreifen, die unter das Hoheitsrecht der Küstenstaaten fallen und somit für Hochseefischer ausgeschlossen sind. Die Küstenstaaten haben in diesen ihnen zugeteilten Gebieten Sorge zu tragen, dass nachhaltiges Ressourcenmanagement stattfindet und Überfischung vermieden wird. In der Realität sieht das aber anders aus. Viele Staaten haben ihre Fangflotten finanziell unterstützt und aufgerüstet, was letztendlich vielmehr zu einem erhöhten als verringerten Fangvolumen führte. Zudem kommt, dass vor allem in den Anfangsjahren viele Staaten nur grobe Berechnungsmodelle zur Einschätzung der Dynamik im Fischereigewerbe hatten und demnach nur einen unbefriedigenden Überblick über die Größe der Bestände hatten. Ein weiteres Problem sind die sogenannten „Streunenden Banditen", die selbst Fanggebiete innerhalb der Ausschließlichen Wirtschaftszonen ausrauben. Mit modernen Hochleistungsbooten können sie in lokale Fanggebiete hineinzoomen und eine Fischart, die gerade auf dem Markt gefragt ist, gezielt abfischen. Bevor die Behörden vor Ort dies überhaupt bemerken, ziehen diese Banden weiter (Ostrom 2011, S. 57-60).

Mit der Ausweisung der Ausschließbaren Wirtschaftszonen konnten aber manche Küstenfischereien Systeme entwickeln, wie zum Beispiel in Neuseeland, Kanada und Island die sogenannten „Individuell Transferierbare Quotensysteme" (ITQ) nach dem Cap & Trade Prinzip. Die einfache Funktionsweise verzeichnete früh schnelle Erfolge und verringerte die Fangmengen. Die Regierungen definieren das erlaubte Fangvolumen pro Fischer und vergeben danach Quoten an die einzelnen Fischer. Jeder Fischer kann individuell entscheiden, ob er die ihm zugeteilte ITQ Fangmenge ausschöpft oder einem anderen Fischer transferiert, sprich verkauft. Die zulässige Gesamtfangmenge wird „Total Allowed Catch" (TAC) genannt. Trotzdem geriet die Fischerei immer wieder in verschiedene Krisen. Die Staaten mussten die Basisversion der ITQ optimieren. Im kanadischen Bundesstaat British Columbia hat die DFO[2] sich mit der Regierung zusammengeschlossen und so ihre Befugnisse erheblich erweitert. Sie haben dieses ITQ-System noch verschärft, aktualisiert und ein Überwachungsprogramm eingeführt mit dessen Hilfe alle Fänge direkt an Bord erfasst werden können. Damit werden aktuelle und präzise Daten geliefert. Mit Gerechtigkeit hat das aber

---

[2] Department of Fisheries and Oceans

dennoch nicht viel zu tun. Wirtschaftlich schlecht arbeitende Fischer verkaufen ihre Quoten an große Fischerbetriebe, was langfristig gesehen eine Konzentration der Fangquoten auf weniger Fischereien zur Folge hat (Ostrom 2011, S. 64/65; Helfrich 2011).

Die Gemeingüter, sei es am Beispiel der Fischerei, der Waldrodung oder der Luftverschmutzung, sind und bleiben ein hartnäckiges Thema. Doch was kann oder muss getan werden, damit es in Zukunft besser funktioniert? Elinor Ostrom hat in ihrem Werk „Governing the Commons" 1990 bereits Gestaltungsprinzipien veröffentlicht, welche stets weiterentwickelt und in ihrer Nobelpreisrede 2009 in Oslo vorgestellt wurden (Ostrom 2011, S. 85-87):

1. Grenzen zwischen den Nutzern und Ressourcengrenzen

Es existieren sowohl klare Grenzen zwischen Nutzern und Nichtnutzungsberechtigten, als auch zwischen einem spezifischen Gemeinressourcensystem und einem größeren sozioökologischen System.

2. Übereinstimmung mit lokalen Gegebenheiten

Die aufgestellten Regeln entsprechen den örtlichen Bedingungen und sind mit den Menschen vor Ort abgestimmt und überfordern sie nicht. Die Kostenverteilung ist proportional zur Verteilung des Nutzens.

3. Gemeinschaftliche Entscheidungen

Menschen, die von einem Ressourcensystem betroffen sind, haben ein Mitentscheidungsrecht bei Änderung der Nutzungsregeln.

4. Monitoring der Nutzer und der Ressource

Personen, die für die Überwachung der Ressource zuständig sind, sind mit dieser Ressource vertraut und sind selbst Nutzer oder den Nutzern rechenschaftspflichtig.

5. Abgestufte Sanktionen

Das Niveau der Bestrafung bei Regelverletzungen steigt mit Anzahl und Schweregrad der Verletzungen. Die Sanktionen sind glaubhaft.

6. Konfliktlösungsmechanismen

Konfliktlösungsmechanismen sind schnell, günstig und direkt. Es stehen lokale Räume für die Konfliktlösung zwischen Nutzern oder zwischen Nutzern und Behörden zur Verfügung.

7. Anerkennung

Der Staat erkennt die Rechte der Nutzer an, ihre eigenen Regeln zu bestimmen.

8. Eingebettete Institutionen

Ist eine Gemeinressource eng mit einem großen Ressourcensystem verknüpft ist es wichtig, dass eine sogenannte polyzentrische Governance herrscht. Dies bezeichnet das „[...] Vorhandensein von vielen, formal voneinander unabhängigen Zentren der Entscheidungsfindung, die sich aufeinander sowie auf zentrale Institutionen oder Konfliktlösungsmechanismen beziehen können" (Helfrich 2011).

4. <u>Fazit</u>

Diese Arbeit sollte ein volkswirtschaftliches Basiswissen zum Thema Wasserressourcen-Management vermitteln. Die zentrale Frage „Welche Möglichkeiten gibt es ein Marktversagen zu beseitigen und das Marktgleichgewicht wieder herzustellen?" wurde durch Darstellung zweier unterschiedlicher Theorien beantwortet. Zum einen mit der staatlichen Lösung der Pigou-Steuer und zum anderen durch private Verhandlungen anhand des Coase-Theorems. Beide Ansätze sind zwar plausibel aber dennoch in der heutigen Zeit eher schwierig umzusetzen.

Viel komplexer ist das Thema der Gemeingüter und Gemeinressourcen. Die Frage, wie man Gemeinressourcen vor der Ausbeutung bewahren kann, ist nur sehr schwer zu beantworten. Es wurde bereits ein langer Weg zurückgelegt und Menschen bemühen sich weiterhin den Umgang mit den Allmendressourcen zu optimieren, um ein besseres Leben für sich und die nächsten Generationen zu garantieren. Damit eine Verbesserung der Nachhaltigkeit entsteht, muss das kulturelle Milieu und das institutionelle Umfeld mehr dazu beitragen. Es muss ein Bewusstsein weltweit dafür geschaffen werden, so dass sich alle Menschen zusammen tun und an einem Strang ziehen. Wenn das nicht passiert, dann war jene Bemühung der Forschung vergebens. Elinor Ostrom gibt in ihren acht Design Prinzipien detailliert vor auf welchen Ebenen was geschehen muss, damit eine Besserung erreicht werden kann.

5. <u>Literaturverzeichnis</u>

- Becker, F. (2006): Einführung in die Betriebswirtschaftslehre. Berlin Heidelberg Springer Verlag.
- Coase, R. (1960): The Problem of Social Cost. In: Journal of Law and Economics. The University of Chicago Press, S. 1-44.
- Enderle, G. und Nolte, A. (1999): Das Coase-Theorem. In: Wirtschaftswissenschaftliches Studium, Heft 4, S. 201.
- Gabler Wirtschaftslexikon, Springer Gabler Verlag.
- Helfrich, S. und Heinrich-Böll-Stiftung (Hrsg.) (2009): Wem gehört die Welt? Zur Wiederentdeckung der Gemeingüter. München Oekom Verlag.
- Helfrich S. und Stein F. (2011): Was sind Gemeingüter – Essay. URL: http://www.bpb.de/apuz/33206/was-sind-gemeingueter-essay?p=all (Stand: 05.05.2014)
- Ostrom, E. (2011): Was mehr wird, wenn wir teilen. Vom gesellschaftlichen Wert der Gemeingüter. Herausgegeben, überarbeitet und übersetzt von Silke Helfrich. München Oekom Verlag.
- Varian, H. (2010). Intermediate Microeconomics. A Modern Approach 8. Auflage. New York London: W. W. Norton & Company, Inc.